Bibliografische Information der Deutschen Nationalbibliothek:

Die Deutsche Bibliothek verzeichnet diese Publikation in der Deutschen National-
bibliografie; detaillierte bibliografische Daten sind im Internet über http://dnb.d-
nb.de/ abrufbar.

Impressum:

Copyright © 2016 GRIN Verlag, Open Publishing GmbH
Druck und Bindung: Books on Demand GmbH, Norderstedt Germany
ISBN: 9783668458697

Corinna Dörr

Die neurobiologischen Auswirkungen im Verlauf einer Suchterkrankung am Beispiel von Alkoholismus

GRIN Verlag

DIE NEUROBIOLOGISCHEN AUSWIRKUNGEN IM VERLAUF EINER SUCHTERKRANKUNG AM BEISPIEL VON ALKOHOLISMUS

Corinna Dörr

FACHARBEIT IM LEISTUNGSKURS BIOLOGIE

Berufskolleg Wesel
Hamminkelner Landstraße 38b
46483 Wesel

Inhaltsverzeichnis

I. Einleitung

Im Rahmen der Facharbeit wird auf die Alkoholabhängigkeit und ihre *neurobiologischen* Auswirkungen genauer eingegangen.

Die zentrale Frage lautet, welche Auswirkungen der Alkoholkonsum, insbesondere der lange Konsum, wie er bei einer Alkoholabhängigkeit vorkommt, hat.

Die Motivation dahinter sind die vielen Menschen, die an einer Alkoholabhängigkeit erkrankt sind und sich aber meistens nicht bewusst sind, was für deutliche *neurobiologische* Konsequenzen der langfristige bzw. auch schon der kurzfristige Konsum nach sich zieht.

Insgesamt ist die Alkoholabhängigkeit in den westlichen Industrienationen die häufigste psychische Erkrankung bei Männern und die zweithäufigste bei den Frauen. Allein in der Bundesrepublik Deutschland werden jährlich über 30 000 *ambulante* und *stationäre* Entwöhnungsbehandlungen durchgeführt (vgl. Leibing et al., 2003; 179).

Diese zentrale Frage wird mit Hilfe geeigneter Fachliteratur untersucht. Außerdem werden die Ergebnisse der Fachliteraturanalyse mit einer eigenen empirischen Erhebung verglichen, wozu auf der Basis der Fachliteratur Fragebögen erstellt werden, die von Alkoholabhängigen einer ambulaten Suchttherapiegruppe ausgefüllt werden.

Dies dient dem Ziel die neurobiologischen Auswirkungen des Alkoholkonsums und speziell der Abhängigkeit nicht nur zusammenzufassen, sondern anhand der Probanden diese zu verdeutlichen bzw. erst einmal zu untersuchen, inwiefern die Ergebnisse der Literatur und der empirischen Erhebung übereinstimmen.

II. Alkoholismus

Der Begriff *Alkoholismus* wird wie auch andere Begriffe (z.B. *Alkoholabusus*, Abhängigkeitssyndrom) als Synonym für die Alkoholabhängigkeit verwendet (vgl. Lindenmeyer, 2005; 1). Im Folgenden werden nur die Grundlagen, die für das allgemeine Verständnis von Nöten sind, betrachtet.

II.1 Definition

Als einfach zu handhabende Faustregel gilt:

„Alkoholabhängig ist entweder, wer den *Konsum* von Alkohol nicht beenden kann, ohne dass unangenehme Zustände körperlicher oder *psychischer* Art eintreten, oder wer nicht aufhören kann zu trinken, obwohl er sich oder anderen immer wieder schweren Schaden zufügt" (Leibing et al., 2003; 188).

Nach den genauen Diagnosekriterien nach ICD-10 (Internationale Klassifikation psychischer Störungen) ist die Diagnose etwas schwieriger.

Es müssen mindestens 3 der Diagnosekriterien innerhalb des letzten Jahres gleichzeitig vorhanden gewesen sein, um das Abhängigkeitssyndrom *(F10.2)* diagnostizieren zu können. Mithilfe der fünften Stelle des Diagnosenamens ist es möglich, die Alkoholabhängigkeit weiter zu unterteilen. Für diese Arbeit sind allerdings nur die Diagnosen F 1024- F 1026 von Bedeutung:

F 1024 steht für den gegenwärtigen, F 1025 für den ständigen und F 1026 für den episodischen Alkoholkonsum (vgl. Lindenmeyer, 2005; 2ff.).

III. Die neurobiologischen Grundlagen

Zum besseren Verständnis der *neurobiologischen* Wirkung werden hier die für das Thema wichtigen Grundlagen genauer erklärt. Dazu zählen vor allem das zentrale Nervensystem (ZNS) und dessen Wirkweise mithilfe von Synapsen und *Neurotransmittern*.

III.1 Aufbau und Funktion des zentralen Nervensystems

Das zentrale Nervensystem setzt sich aus dem Gehirn und dem Rückenmark zusammen. Das Rückenmark ist ca. 50cm lang und verläuft eingebettet in den Wirbelkanal der Wirbelsäule. Die im Querschnitt zu erkennende graue Substanz besteht vorwiegend aus Zellkörpern der verarbeitenden *Neuronen*, die man als *Ganglien* zusammenfasst. Sensorische Reize, die durch die Spiralnerven weitergeleitet werden, werden in den sensorischen Hinterhörnern verarbeitet.

Neben der grauen Substanz besteht das Rückenmark noch aus einer umgebenden weißen Substanz, die aus umkleideten, myelinhaltigen Nervenfasern besteht, die entweder auf- oder absteigen. Diese markhaltigen Axone leiten Informationen entweder zum Gehirn (*afferente* Fasern) oder erhalten Informationen, die vom Gehirn ausgehen (*efferente* Fasern).

Das Gehirn liegt eingebettet in drei schützende Häute und ist von der knöchernen Schädelkalotte umgeben. Außerdem wird es von zahlreichen Blutgefäßen versorgt. Grob kann man das Gehirn in 6 Bereiche einteilen: das Großhirn, welches aus zwei Hemisphären besteht, die durch den Balken miteinander verbunden sind, das

Zwischenhirn, das limbische System, das Kleinhirn, dem Hirnstamm und dem Mittelhirn (vgl. Hülshoff, 2008; 64f.).

III.1.1   Das limbische System

Der bei der Alkohol-abhängigkeit wichtigste Teil des Gehirns stellt das limbische System dar, welches genau genommen keine Gehirnstruktur ist. Es ist ein *neuronales* Netzwerk, zu dem bestimmte Strukturen wie der *Hippocampus* und die *Amygdala* gehören.

Außerdem hängt das limbische System sehr eng mit dem *Hypothalamus* und dem *Präfrontalem Kortex* zusammen.

Das limbische System hat

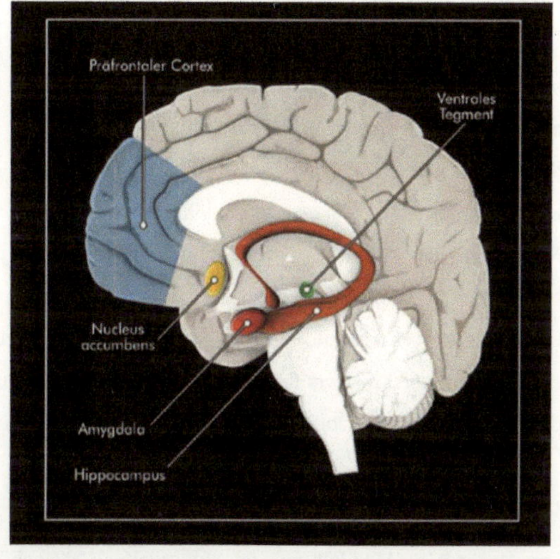

Abbildung 1 - Das limbische System (Axess, kein Datum; 13)

sowohl Einfluss auf das endokrine als auch auf das *autonome* Nervensystem.

Das endokrine System ist für die *Hormonsekretion* verantwortlich, das *autonome* für die unwillkürlichen Körperfunktionen, wie z.B. die Atmung oder den Herzrhythmus, und für die Aufrechterhaltung der Homöostase, also des inneren Gleichgewichts.

Im Grunde stellt das limbische System eine Sammelstelle für Informationen aus verschiedenen Hirnregionen dar, welche dafür verantwortlich ist, dass zu den jeweiligen Situationen eine angemessene Reaktion ausgeführt wird (vgl. Axess, kein Datum, 13).

Laut Beyer et al. (2013; 251) ist das limbische System entscheidend an der Übertragung von Informationen ins Langzeitgedächtnis beteiligt, da es für die emotionale Bewertung zuständig ist.

Außerdem befindet sich das dem *Hypothalamus* übergeordnete Zentrum des Affektgeschehens, der Aufmerksamkeit, der Merk- und Lernfähigkeit und der Gefühle und Stimmungen innerhalb des limbischen Systems (vgl. Rexrodt, 1981; 103).

III.1.1.1   Das Belohnungssystem

Das Belohnungssystem ist Teil des limbischen Systems, das sich aus dem *ventralen tegmentalen Areal* (VTA) und dem *Nucleus accumbens* (NA) zusammensetzt. Alkohol aktiviert das *ventrale tegmentale Areal*, welches sich im Zentrum des Gehirns befindet. Dort treffen Informationen über den Befriedigungsgrad der Grundbedürfnisse aus mehreren Gebieten des limbischen Systems zusammen. Zu den Grundbedürfnissen gehören z.B. die Atmung, Ruhe und Schlaf, Muskel- und Nervenaktivität sowie soziale Kontakte. Diese

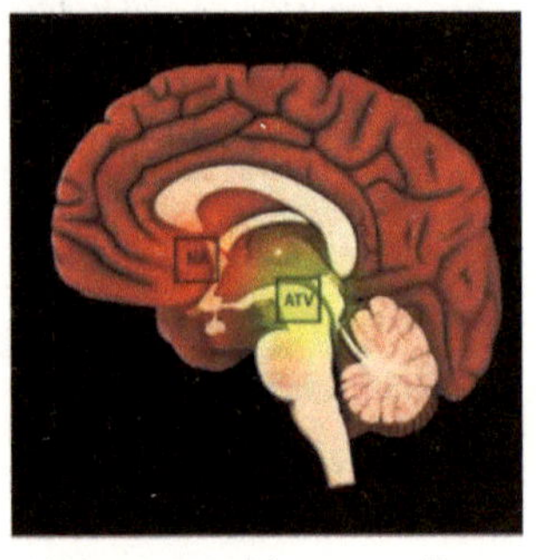

Abbildung 2- Das Belohungssystem (Axess, kein Datum; 14)

Informationen werden anschließend an den *Nucleus accumbens*, der weiter vorne im Gehirn liegt, weitergeleitet. Dieser Schaltkreis führt dazu, dass interessante Handlungen ermittelt und verstärkt werden, um sie zukünftig erneut ausführen zu können. Hierzu wird der *Neurotransmitter Dopamin* verwendet (vgl. Axess, kein Datum; 14).

III.1.1.2   Amygdala

Die *Amygdala* (Mandelkern) ist ein zweifach ausgebildetes Kerngebiet des Gehirns, welches sich im *medialen* Teil des *Temporallappens* befindet und ebenfalls zum limbischen System gehört. Sie spielt bei der Entstehung der Angst sowie bei der emotionalen Bewertung und Wiedererkennung von Situationen sowie der Analyse möglicher Gefahren eine wesentliche Rolle. Dazu verarbeitet sie *externe* Impulse. Im Falle einer Zerstörung beider Mandelkerne kommt es zu einem Verlust des Furcht- und Aggressionsempfindens, welches zum Zusammenbruch der Warn- und Abwehrreaktionen führt. Kommt es z. B. zu einem Ungleichgewicht der *Neurotransmitter* sind Fehlfunktionen der *Amygdala* wie Gedächtnisstörungen, die Unfähigkeit der emotionalen Einschätzung von Situationen und *Depression* die Folge (vgl. Tretter, 28.2.2007; 4).

Laut Förstl et al. (2006; 27) sind die Hauptfunktionen der *Amygdala* vor allem die Kontrolle *vegetativer* Funktionen und *Stressregulation*, Kontrolle *affektiver* Reaktionen, die emotionale Konditionierung sowie die emotional unterstützte Konsolidierung von Lerninhalten.

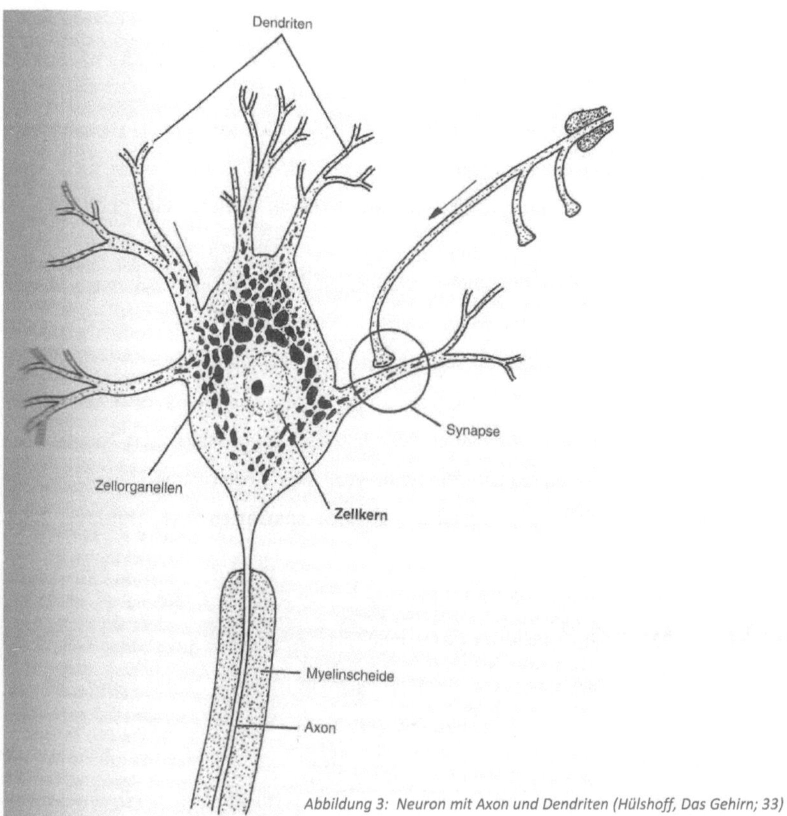

Abbildung 3: Neuron mit Axon und Dendriten (Hülshoff, Das Gehirn; 33)

In unserem Gehirn findet man Vielzahl von *neuronalen* Netzwerken. Dies sind höher geordnete Netzwerke aus sehr vielen Nervenzellen, deren Fortsätze über teilweise große Distanzen wachsen und sich mithilfe von Synapsen mit definierten Partnerzellen verschalten (vgl. Hummel, kein Datum; 1).

Die Kommunikation innerhalb dieser verschiedenen *neuronalen* Netzwerke geschieht mithilfe verschiedener *Neurotransmitter*. Diese verschmelzen durch die synaptischen Vesikel im Rahmen einer *Exocytose* mit der *präsynaptischen Membran*, wenn ein Aktionspotential in der *Präsynapse* ankommt, wodurch diese in den synaptischen Spalt abgegeben werden. Dort docken sie an geeignete Rezeptoren an und lösen wiederum eine Erregung aus, die sich am *Axonhügel* der *Postsynapse* in ein elektrisches Signal umwandelt. Die *Neurotransmitter* lösen sich anschließend von den Rezeptoren und werden je nach *Transmitterart* z. B. durch *Endocytose* oder durch Transporter wieder in die *Präsynapse* aufgenommen (vgl. Beyer et al., 2013; 228).

III.1.2.1   Neuronen

Das Gehirn besteht aus einem Netzwerk aus über 100 Milliarden *Neuronen*, oder auch Nervenzellen genannt, die sich anders als andere Zellen nach der Geburt nicht mehr vermehren können. *Neuronen* sind hochspezialisierte Zellen, die Informationen aufnehmen, bearbeiten und weiterleiten.

Ein *Neuron* besteht aus allen wesentlichen Merkmalen einer normalen *Zelle* wie z. B. dem Zellkern. Allerdings besitzt ein *Neuron* eine *Membran*, die mehrere Ausstülpungen aufweist. Diese Fortsätze werden als *Axon* bezeichnet, über die Informationen über eine *saltatorische* Erregungsleitung (beim Menschen) zur Synapse und somit zu anderen *Zellen* geleitet werden. Neben dem informationsweiterleitenden *Axon* besteht das Neuron noch aus weiteren, mitunter tausenden Verästelungen, den sogenannten *Dendriten*, die Informationen von anderen angrenzenden *Neuronen* empfangen (vgl. Hülshoff, 2008; 31f.).

III.1.2.2   Synapsen

Als Synapse bezeichnet man die Verbindungsstelle zweier Nervenzellen, an der Erregungen übertragen werden. Der Aufbau einer Synapse besteht aus dem Endknöpfchen, einem verdickten *Axonende*, dem synaptischen Spalt und der *postsynaptischen* Membran. Die Bereiche vor dem synaptischen Spalt werden als *präsynaptisch* bezeichnet, die da hinter folglich als *postsynaptisch*. Die *Neurotransmitter* befinden sich in winzigen Mengen in den synaptischen Bläschen, die im Endknöpfchen zu finden sind. Passende Rezeptorproteine zu den *Transmittermolekülen* befinden sich in der postsynaptischen Membran. Daneben sind dort noch Enzyme für den Abbau des Transmitters verankert (vgl. Beyer et al., 2013; 228).

III.1.2.3   Neurotransmitter

Transmitter werden, wenn sie speziell im zentralen Nervensystem vorkommen, als *Neurotransmitter* bezeichnet. *Neurotransmitter* können in 3 große Gruppen unterteilt werden: es wird zwischen anregenden, hemmenden und solchen die sowohl anregend als auch hemmend wirken unterschieden. Zu den Anregenden gehört z. B. Glutaminsäure, zu den Hemmenden vor allem Gamma-Aminobuttersäure und zu den „Zwittern" *Dopamin* und *Serotonin* (vgl. Rexrodt, 1981; 233).

Laut Hülshoff (2008; 36) beruht die Wirkung zahlreicher Suchtstoffe entweder auf der Beeinflussung körpereigener *Neurotransmitter* oder darauf, dass sie künstlich an den Rezeptor andocken und so eine *neuronale* Erregung auslösen.

III.1.2.3.1   Dopamin

Dopamin ist einer der wichtigsten Neurotransmitter. *Dopaminerge Neurone*, also Nervenzellen, in denen man *Dopamin* wiederfindet, befinden sich hauptsächlich im Mittelhirn (vgl. Tretter, 28.2.2007; 10).

Laut Axess (kein Datum; 15) ist *Dopamin* der zentrale Botenstoff des Belohnungssystems, das zu einem Lernsignal führt, da erhöht *Dopamin* freigesetzt wird, wenn man eine Belohnung erhält, mit der nicht gerechnet wurde. Im Gegensatz dazu, fällt die *Dopamin* Konzentration unter den normalen Wert, wenn vergeblich auf eine Belohnung gewartet wird. Aufgrund dieses Vorgangs wird die Wahrscheinlichkeit, dass das belohnte Verhalten erneut gezeigt wird, erhöht. Dadurch lässt sich auch die Wirkung von Drogen, wie z. B. Alkohol erklären, da sie zu einer erhöhten Dopamin Ausschüttung führen und somit wiederholt werden wollen.

III.1.2.3.2   Serotonin

Serotonin gehört zur Gruppe der Monoamine und fungiert im ZNS als *Neurotransmitter*. Außerdem reguliert es den *Tonus* (Druck) in den Blutgefäßen, woher sich auch sein Name ableitet (vgl. Tretter, 28.2.2007; 29).

Der Hauptwirkort verläuft vom Stammhirn mit Verzweigungen über das gesamte Gehirn. Das *Serotonin*-System ist im Falle eines Mangels maßgeblich am Zustandekommen einer *Depression* beteiligt. Jedoch ist es nicht nur an der Stimmungslage beteiligt, sondern auch am Schlaf-Wach-Rhythmus, dem Erregungszustand, dem Erleben der eigenen Vitalität und vielem anderem mehr (vgl. Hülshoff, 2008; 115).

Diese große Wirkungsvielfalt steht im Gegensatz zu dem geringen Anteil im Gehirn. *Serotonin* besitzt einen Anteil von weniger als 1% der Synapsen (vgl. Rexrodt, 1981; 233f.).

III.1.2.3.3   Gamma-Aminobuttersäure (GABA)

Laut Rexrodt (1981; 234) gehört GABA zu den hemmenden *Neurotransmittern* und ist der häufigste vorkommende im Gehirn. Sein Synapsenanteil liegt bei ungefähr 30-40%.

Nach Tretter (28.2.2007; 11) sind 30% der *Transmitter* im zentralen Nervensystem GABA.

Dieser *Transmitter* ist sowohl an der motorischen Kontrolle, an der Einleitung und Aufrechterhaltung des Schlafs als auch an der Reflex-Verschaltung wesentlich beteiligt.

Da GABA-Rezeptoren der *pharmakologischen Toleranz* unterliegen, sind alle *Substanzen,* die *stimulierend* auf den Rezeptor wirken, *potenziell* suchtauslösend. Dies liegt daran, dass im Laufe der Zeit immer eine größere Dosis benötigt wird, um den Rezeptor zu stimulieren.

Da GABA durch Alkohol *imitiert* werden kann, ist der Konsum von Alkohol *potenziell* suchtauslösend (vgl. Hülshoff, 2008; 125f.).

III.1.2.3.4   Glutamat

Die *ionisierte* Form der Glutaminsäure wird als Glutamat bezeichnet. Glutamat wird vom Körper selbst gebildet, kommt nur im Gehirn vor und ist der wichtigste erregende *Neurotransmitter*. Es bindet, nachdem es synaptisch freigesetzt wurde, an *spezifische* Glutamat- Rezeptoren (vgl. Tretter, 28.2.2007; 13).

IV.   Die neurobiologischen Auswirkungen durch Alkoholismus

Um die *neurobiologischen* Auswirkungen durch *Alkoholismus* besser verstehen zu können, werden im Folgenden nicht nur die kurz- und langfristigen Wirkungen von Alkohol auf die *neurobiologischen* Strukturen betrachtet, sondern auch deren Auswirkungen auf das eigene Erleben und Empfinden.

Das Belohnungssystem spielt bei der Sucht im Allgemeinen eine große Rolle, da es durch Suchtmittel die stärkste Aktivierung erlebt. Diese erhöhte Feuerrate *dopaminerger* Neuronen erleben die Betroffenen als *Euphorie* oder Rausch. Alkohol bewirkt eine Verdopplung der *extrazellulären Dopaminkonzentration.*

In diesem Punkt sind sich Förstl et al. (2006; 305f.) und Hülshoff (2008; 130) einig.. Hülshoff (2008; 134f.) beschreibt, dass die Entfaltung der Wirkung von Alkohol, neben der *dopaminergen* Wirkung, hauptsächlich an GABA-Rezeptoren stattfindet. Dies führt zu Entspannung, *Euphorie* und wirkt schlafanstoßend. Allerdings ändert sich die Wirkung nach Absetzen der Droge in das Gegenteil und es kommt zu Gefühlen wie *Dysphorie,* Erregung sowie körperlicher und seelischer Anspannung.

Erst im Falle schwerer Vergiftungen kommt es zu Störungen der motorischen Fähigkeiten, wodurch genau wird allerdings nicht erklärt.

Axess (kein Datum; 16f.) allerdings weist darauf hin, dass der genaue Rezeptor noch gar nicht gefunden wurde. Die einzig sichere Erkenntnis sei, dass Alkohol alle hemmenden (*inhibitorischen*) Neuronen aktiviert und alle erregenden (*exzitatorischen*) Neuronen hemmt.

Diese konträren Wirkungsweisen führen zu einer Verlangsamung der Funktionsweise des ZNS. Dadurch kommt es zur Beruhigung, Entspannung, Schläfrigkeit und einer Beeinträchtigung der motorischen Fähigkeiten.

Die zusätzliche Störung der Aktivität des *Hippocampus* führt zu Gedächtnisausfällen und einer gestörten Urteilsfähigkeit.

Hier stimmen die Meinungen von Hülshoff und Axess nicht überein, da Axess generell von einer Beeinträchtigung der motorischen Fähigkeiten, Gedächtnisausfällen und einer gestörten Urteilsfähigkeit ausgeht, Hülshoff allerdings erst bei schweren Intoxikationen. Dies könnte darauf zurückzuführen sein, dass beide unterschiedliche Theorien zu der Wirkungsweise im Gehirn haben.

Bei der Suchtentstehung stimmen die Theorien von Axess (kein Datum; 17) mit der von Hülshoff (2008; 130) und Förstl et al. (2006; 305f.) überein.

Dopamin inaktiviert die *inhibitorischen* Neuronen, die für die Hemmung der *dopaminergen* Neuronen zuständig sind. Dadurch kommt es nach dem Alkoholkonsum zu einer erhöhten *Dopaminausschüttung,* was wiederum zu einem Lernsignal führt (siehe **Fehler! Verweisquelle konnte nicht gefunden werden.**).

Im Laufe der Zeit kommt es aufgrund *adaptiver* Vorgänge, die sowohl Axess (kein Datum; 17) als auch Förstl et al. (2006; 310f.) erwähnen, zu einer Anpassung der Funktionsweise des Gehirns, um trotz Alkoholkonsum normal funktionieren zu können. Es tritt eine *pharmakokinetische Toleranz* ein, wodurch sich der *Metabolismus* des *Organismus* umstellt.

Nach Förstl et al. (2006; 310) verändern sich dabei besonders die verstärkt geforderten *neuronalen* Netzwerke im Belohnungssystem. Dies geschieht im Sinne des Modells der Allostase. Dieses geht vom Prinzip der *Homöostase,* also dem *physiologischen* Streben nach Einhaltung eines lebensnotwendigen Gleichgewichts, aus.

Durch zunehmenden Substanzkonsum kommt es schließlich aufgrund der damit verbundenen Affektschwankungen zu einer Verschiebung der *Homöostaseschwelle*.

Infolgedessen entstehen allostatische Zustände, durch die der Körper mittels *physiologischer* und *psychologischer* Verhaltensänderungen eine Stabilität aufrecht erhalten kann.

Aufgrund dieser Vorgänge nimmt die Wirkung des Substanzkonsum merklich ab. Allerdings werden dadurch auch die Entzugssymptome auf der psychischen Ebene deutlich stärker, weshalb die Abhängigen die Dosis steigern müssen.

Entzugssymptome treten erst recht dann auf, wenn das Suchtmittel nach längerem Konsum abrupt abgesetzt wird.

Es wird zwischen Entzugssymptomen auf psychischer und physischer Ebene unterschieden. *Psychische* Entzugssymptome sind durch einen sehr starken Abfall der *Dopaminausschüttung* bedingt und wirken meist auf den emotional-motivationalen Bereich.

Der Abfall der *Dopaminausschüttung* führt zu einer *Dysphorie*.

Durch den abrupten Entzug werden allerdings auch andere *Neurotransmittersysteme* in ihrer Wirkweise beeinflusst.

Aufgrund des zusätzlichen Abfalls der Ausschüttung der *Neurotransmitter Serotonin* und GABA, sowie der nun überschießend reagierenden erweiterten *Amygdala*, die durch den Wegfall des Suchtmittels nicht mehr *supprimiert* wird, wird die *Dysphorie* verstärkt. Zusätzlich kommt es zu Symptomen wie Schmerzen, *Depression*, Angst und Panik (vgl. Förstl et al., 2006; 312f.)

Laut Axess (kein Datum; 17) kommt es auf Grund der *Adaptionsprozesse* beim abrupten Absetzen zu einer Überstimulation des Gehirns, da sich dieses nicht so schnell wieder anpassen kann und sozusagen noch auf den Konsum programmiert ist. Die Überstimulation führt zu Symptomen wie Rastlosigkeit, Schlaflosigkeit oder sogar epileptischen Anfällen.

Förstl et al. (2006; 326) führt die Erniedrigung der Schwelle zur Auslösung epileptischer Anfälle ebenfalls auf eine Überstimulierung, nämlich auf die Hochregulierung der glutamatergen Rezeptoren, zurück.

Dies liegt an der im Alkoholentzug freigesetzten Menge an Glutamat, die auf eine erhöhte Rezeptoranzahl treffen. Infolgedessen strömt mehr *Kalzium* in das *Effektorneuron*, was eine Vielzahl von Reaktionen auslöst, die unter Umständen sogar bis zum Zelltod führen können (z.B. durch wiederholte Entzüge).

Laut Axess (kein Datum; 17) steigt die Zelltodrate mit regelmäßigem Konsum an, was mit den Ergebnissen von Förstl et al. übereinstimmt.

Außerdem kommt es zu einer Volumenverringerung des Gehirns, insbesondere des *präfrontalen Kortex*. Diese Umstände führen zu *kognitiven Defiziten*, die bis hin zum Korsakow-Syndrom, das sich durch Gedächtnis-, Denk-, Verhaltens- und Affektstörungen auszeichnet, reichen können.

Neben den bisher genannten Symptomen kann es durch die *Intoxikationen* zu Antriebssteigerungen, Störungen der Impulskontrolle, Aggressivität, Lethargie (vgl. Schuhler, 2006; 5) sowie zu Stimmungsschwankungen, einer Abnahme der *euphorisierenden* Wirkung und Enthemmung kommen (vgl. Förstl et al. 309ff.).

V. Empirische Untersuchung

Mithilfe der auf Basis der Literatur erstellten Fragebögen soll untersucht werden, inwiefern die Literatur mit den Selbsteinschätzungen Alkoholabhängiger, unter welchen Symptomen sie aufgrund neurobiologischer Auswirkungen des Alkoholkonsums gelitten haben, übereinstimmt. Dazu wurde aufgrund der mit Hilfe der Fachliteratur ein Fragebogen mit 12 Unterpunkten erstellt. Die 25 Probanden hatten jeweils vier Auswahlmöglichkeiten, inwieweit das jeweilige Symptom auf sie zutrifft.

Zu den zu untersuchenden Symptomen gehören : Antriebssteigerung, *Aggressivität*, erhöhte Ablenkbarkeit und Konzentrationsschwäche, Stimmungsschwankungen, Gedächtnisausfälle/ -lücken, Störungen der motorischen Fähigkeiten, gestörte Urteilsfähigkeit, Gereiztheit, Enthemmung, Entspannung, Lethargie bzw. zunehmende Sedierung sowie *Euphorie*.

Zu jedem Punkt hatten die Probanden die Auswahlmöglichkeiten zwischen: trifft völlig zu; trifft zu; trifft weniger zu; trifft gar nicht zu.

Die 25 befragten Probanden sind Teilnehmer einer *ambulanten* Therapiegruppe für Suchtabhängige und sollten, soweit sie denn *abstinent* leben, nur die Zeit vor ihrer *Abstinenz* für die Beantwortung des Fragebogens betrachten. Die Probandengruppe beantwortete diesen anonym und es gibt keine weiteren Einteilungen, da die Probandengruppe sehr klein ist.

V.1   Auswertung

Um die Ergebnisse besser darstellen und analysieren zu können, wurden zu den Unterpunkten Kreisdiagramme erstellt, die im Anhang unter Diagramme zu finden sind.

Die Ergebnisse der einzelnen Befragungspunkte sind recht unterschiedlich.

Bei der Antriebssteigerung ist das Ergebnis sehr ausgeglichen. 52% der Befragten gaben an, dass es entweder gar nicht (12%) oder eher weniger (40%) zu trifft, 48% jedoch, dass es entweder eher (16%) oder völlig (32%) zu trifft.

Die Befragungsergebnisse zur *Aggressivität* sind etwas deutlicher. Hier gaben insgesamt 64% an, dass es eher weniger (24%) oder gar nicht (40%) zu trifft. Jedoch gaben auch 28% an, dass es völlig zu trifft.

Ähnlich wie bei der Antriebssteigerung sieht es auch bei der erhöhten Ablenkbarkeit und Konzentrationsschwäche aus. Jedoch geht die Tendenz eher in die Richtung, dass es zu trifft (52%). Davon gaben 28% an, dass es völlig zu trifft. Andererseits gaben auch 40% und somit der größte Anteil an, dass es eher weniger zu trifft.

Stimmungsschwankungen bei sich erlebt zu haben, stimmten 36% der Probanden völlig, 24% eher und 40% weniger zu. Niemand sagte jedoch, dass es gar nicht zu trifft.

Fast zwei Drittel (64%) gaben an, dass es gar nicht oder eher weniger zu Gedächtnisausfällen/ -lücken durch ihre Abhängigkeit gekommen ist. Nur 4% stimmten diesem Problem völlig zu.

Bei den Störungen der motorischen Fähigkeiten ist das Ergebnis noch wesentlich eindeutiger. Mehr als 4/5 (81%) gaben an, dass es bei ihnen gar nicht (27%) oder weniger (54%) zu Störungen der motorischen Fähigkeiten gekommen ist. 0% stimmten völlig zu.

Genau 4/5 gaben an, dass es gar nicht (8%) oder weniger (72%) zu Euphorie durch ihre Abhängigkeit gekommen ist. Bei 16% der Probanden trifft es eher zu, bei nur 4% völlig.

Lethargie bzw. zunehmende Sedierung trifft bei jeweils 8% der Probanden völlig oder gar nicht zu. Jedoch gaben mehr als die Hälfte, also 52% an, dass es bei ihnen eher weniger zu trifft.

Das Ergebnis, ob sich die Probanden entspannt gefühlt haben, ist sehr eindeutig. Fast die Hälfte der Befragten gab an, dass es völlig zu trifft. Außerdem gaben weitere 44% an, dass es eher zu trifft, womit ganze 92% sich völlig oder eher entspannt gefühlt haben. Die restlichen 8% gaben an, dass es weniger zu trifft.

Auch das Gefühl der Enthemmung trifft bei den Untersuchungsteilnehmern eher zu (44%), als weniger zu (24%). Des Weiteren sagten zusätzlich zu den 44%, bei denen es eher zu trifft, noch weitere 24%, dass sie sich enthemmt gefühlt haben, völlig zu trifft.

Bei der Gereiztheit ist das Ergebnis wieder etwas ausgeglichener. Jedoch gaben hier 60% an, dass es gar nicht (24%) oder weniger (36%) zu trifft. 28% der Probanden gaben allerdings auch an, dass es völlig zu trifft.

Das Ergebnis der gestörten Urteilsfähigkeit ist wieder wesentlich eindeutiger. 83% gaben an, dass es gar nicht (25%) oder weniger (58%) zu trifft und nur 4% der Befragten gaben an, dass es völlig zu trifft.

Vergleicht man diese Ergebnisse nun mit der Literaturanalyse kommt man teilweise zu unterschiedlichen Ergebnissen.

In den Punkten *Aggressivität*, Gedächtnisausfällen/ -lücken, Störungen der motorischen Fähigkeiten, Lethargie bzw. zunehmende Sedierung, Gereiztheit und gestörter Urteilsfähigkeit gab die Mehrheit, teils auch sehr deutlich an, dass es nicht oder nur wenig zu trifft.

Diese konträren Ergebnisse lassen sich damit erklären, dass die Befragung anonym erfolgte und keinerlei genauen Informationen zu den Probanden vorliegen, wie lange sie Alkohol konsumiert haben, wie viel sie täglich konsumiert haben und vor allem, wie sehr ihre *neurobiologischen* Strukturen wirklich geschädigt wurden. Besonders Gedächtnisausfälle, Störungen der motorischen Fähigkeiten und eine gestörte Urteilsfähigkeit kommen erst durch dauerhaft schwere Vergiftungen und erst in einem späten Stadium der Alkoholabhängigkeit zustande (vgl. Hülshoff, 2008; 135).

Ebenso lässt sich das Ergebnis der zunehmenden Lethargie bzw. Sedierung erklären, da die *adaptiven* Veränderungen im Bereich der GABA- Rezeptoren zu einer Toleranzentwicklung gegenüber der sedierenden Wirkung führen (vgl. Förstl et al., 2006; 326).

Auch bei dem Befragungspunkt *Euphorie* gaben 80% der Probanden an, dass es bei ihnen nicht zu trifft.

Dies stimmt ebenfalls mit der einschlägigen Literatur überein, da die Wissenschaftler mehrheitlich nur kurzfristig von einer euphorisierenden Wirkung sprechen.

Laut Förstl (et al., 2006; 309) kommt es durch die zunehmende *Limitierung* des phasischen *Dopaminsystems* auf Dauer zu einer Abnahme der *euphorisierenden* Wirkung.

Die Ergebnisse der Punkte Antriebssteigerung und erhöhte Ablenkbarkeit sind ziemlich ausgeglichen. Dies sind jedoch keine deutlichen Ergebnisse, mit denen man die Fachliteratur belegen oder dieser widersprechen könnte.

Die Erhebungsergebnisse der Punkte Stimmungsschwankungen, Entspannung und Enthemmung stimmen, wenn auch bis auf die Entspannung (92%) nicht sehr deutlich, mit dem heutigen Wissensstand, überein.

VI.   Resümee

Insgesamt lassen sich die Ergebnisse der empirischen Untersuchung größtenteils mit der Literatur belegen. Nur 4 von 12 Befragungspunkten stimmen nicht überein. Allerdings ist diese empirische Erhebung auch nicht sehr aussagekräftig. Dies einmal aufgrund der geringen Anzahl an Befragungsteilnehmern. Für eine einigermaßen aussagekräftige Erhebung hätten es mindestens 100-200 Teilnehmer sein müssen, was allerdings den Rahmen dieser Facharbeit deutlich überschritten hätte.

Andererseits aufgrund des heute noch nicht eindeutigen Wissensstandes. Es gibt viele unterschiedliche Meinungen und Theorien, wie sich Alkohol auf die neurobiologischen Strukturen auswirkt und welche Konsequenzen es auf das Erleben und Empfinden des Menschen hat.

Einen weiteren Punkt den man beachten muss, ist, dass es Fragebögen mit einer Selbsteinschätzung der Alkoholabhängigen waren. Bei einzelnen Punkten wie z.B. den Gedächtnisausfällen/ -lücken oder der gestörten Urteilsfähigkeit ist es fraglich, inwieweit die Probanden das selbstständig bewerten und beantworten können.

Zusammenfassend kann man sagen, dass die Gütekriterien einer empirischen Erhebung nicht erfüllt sind und es noch wesentlich mehr Faktoren gibt, die die Wirkung von Alkohol beeinflussen, die hier jedoch nicht berücksichtigt wurden.

Neben der Eigendynamik des Suchtmittels gehören soziale Faktoren der Umgebung (kulturell, direktes Umfeld) und die individuellen Merkmale der jeweiligen Person dazu (vgl. Förstl et al., 2006; 308).

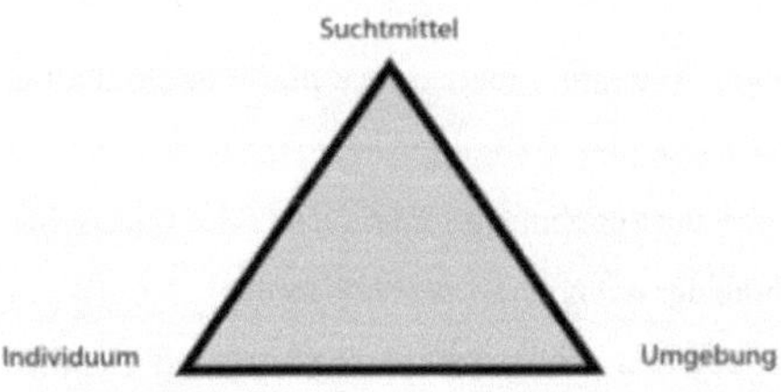

Abbildung 4- Der bio- psycho- soziale Ansatz der Abhängigkeit (Förstl et al., 2006; 308)

Den großen Einfluss dieser Faktoren auf die Wirkung verdeutlicht Hülshoff (2008; 132). Es ist *genetisch* festgelegt, wie viel Alkohol jeder einzelne pro Zeiteinheit abbauen kann. Es gibt neben den erblich bedingten Unterschieden auch Unterschiede zwischen den Geschlechtern und auch zwischen verschiedenen Ethnien. Dies z. B. ist der Grund, dass Alkoholabhängigkeiten in manchen japanischen und indianischen Populationen überhaupt nicht auftritt.

Letztendlich machen es die vielen unterschiedlichen Theorien, die nicht ganz eindeutigen Fragebögen und die nicht berücksichtigten anderen Faktoren unmöglich, eine eindeutige Antwort auf die eingangs gestellte Frage der *neurobiologischen* Auswirkungen im Verlauf einer Suchterkrankung am Beispiel von Alkoholismus zu geben.
Es wird allerdings bei allen Wissenschaftlern deutlich, wie schädlich langfristiger Alkoholkonsum für den *Organismus* und besonders für das Gehirn ist, auch wenn es viele unterschiedliche Meinungen über die genauen Auswirkungen gibt.

VII. Anhang

VII.1 Literaturverzeichnis

Axess, kein Datum *Schweizerische Gesellschaft für die Suchtmedizin.* [Online]
Available at: www.ssam.ch
[Zugriff am 2016 03 28].

Beyer, I. et al., 2013. *Natura - Biologie für Gymnasien.* 1. Hrsg. Stuttgart: Ernst Klett
Verlag.

Förstl, H., Hautzinger, M. & Roth, G., 2006. *Neurobiologie psychischer Störungen.*
s.l.:Springer Medizin Verlag.

Hülshoff, T., 2008. *Das Gehirn.* 3.A. Hrsg. s.l.:Verlag Hans Huber.

Hummel, T., kein Datum [Online]
Available at:
http://www.google.de/url?sa=t&rct=j&q=&esrc=s&source=web&cd=9&ved=0ahUKEwiy
hbDkz_XLAhXHDSwKHTdUB_YQFghFMAg&url=http%3A%2F%2Fwww.stifterservic
e.de%2Ft287%2Ffoerderprojekte%2Fprojektbeschreibunghummel.pdf&usg=AFQjCNFjxE
IDd2qOduTVUiDPC0g7DTdFXQ&sig2=xWjjuE_k
[Zugriff am 1 4 2016].

Leibing, E., Hiller, W. & Sulz, S. K. D., 2003. *Lehrbuch der Psychotherapie -
Verhaltenstherapie.* s.l.:CIP-MEDIEN-Verlag.

Lindenmeyer, J., 2005. *Alkoholabhängigkeit - Fortschritte der Psychotherapie.* Bd.6 Hrsg.
s.l.:Hogrefe Verlag.

Rexrodt, F. W., 1981. *Gehirn und Psyche.* s.l.:Hippokrates Verlag.

Schuhler, P. & Vogelgesang, M., 2006. *Psychotherapie der Sucht.* s.l.:Pabst Science
Publishers.

Tretter, F., 28.2.2007. *Neurobiologie der Sucht,* s.l.: s.n.

VII.2 Abbildungsverzeichnis

VII.3   Fragebogen

Fragebogen zur Verhaltensänderung im Laufe einer Alkoholabhängigkeit

Im Rahmen meiner Facharbeit zum Thema „Die neurobiologischen Auswirkungen im Verlauf einer Suchterkrankung am Beispiel von Alkoholismus" möchte ich gerne die Verhaltensänderungen während dieser Erkrankung erheben. Dazu dient folgender Fragebogen. Bitte füllen Sie dafür folgendes aus und berücksichtigen Sie nur die Zeit vor Ihrer Abstinenz :

1= trifft völlig zu; 2= trifft eher zu; 3= trifft weniger zu; 4= trifft gar nicht zu

Litten Sie während ihrer Alkoholabhängigkeit unter…	1	2	3	4
… Antriebssteigerung	X	o	o	o
… Aggressivität	o	o	o	X
… erhöhter Ablenkbarkeit und Konzentrationsschwäche	o	o	X	o
… Stimmungsschwankungen	o	o	X	o
… Gedächtnisausfällen/ -lücken	o	o	X	o
… Störungen der motorischen Fähigkeiten	o	o	o	X
… gestörter Urteilsfähigkeit	o	o	o	X
Fühlten Sie sich vermehrt…				
… gereizt	o	o	o	X
… enthemmt	o	o	X	o
… entspannt	X	o	o	o
… lethargisch bzw. zunehmend sediert	o	o	X	o
… euphorisiert	o	o	X	o

Der Fragebogen wird anonym behandelt und nur zu empirischen Zwecken innerhalb meiner Facharbeit verwendet.
Mit dem Ausfüllen erklären Sie sich mit der Verarbeitung der Daten zu diesen Zwecken einverstanden.

Ich danke Ihnen für Ihre Mitarbeit !
Corinna Dörr

VII.4 Diagramme

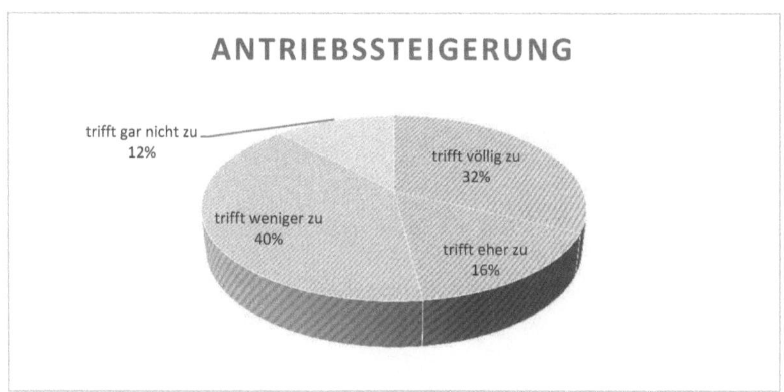

Abbildung 5 – Antriebssteigerung (Corinna Dörr)

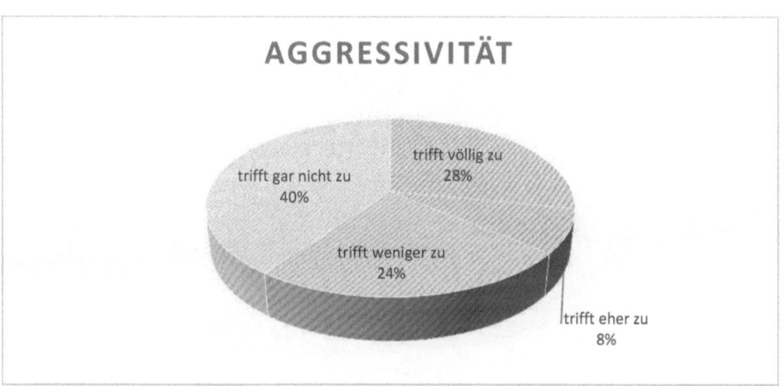

Abbildung 6 - Aggressivität (Corinna Dörr)

Abbildung 7 - erhöhte Ablenkbarkeit und Konzentrationsschwäche (Corinna Dörr)

Abbildung 8 - Stimmungsschwankungen (Corinna Dörr)

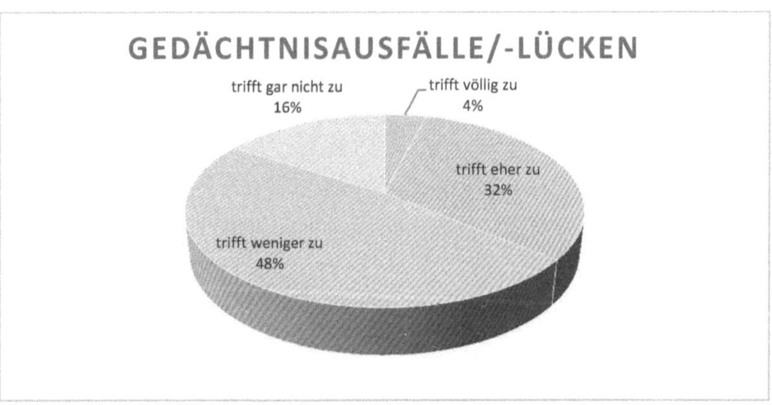

Abbildung 9 - Gedächtnisausfälle/ -lücken (Corinna Dörr)

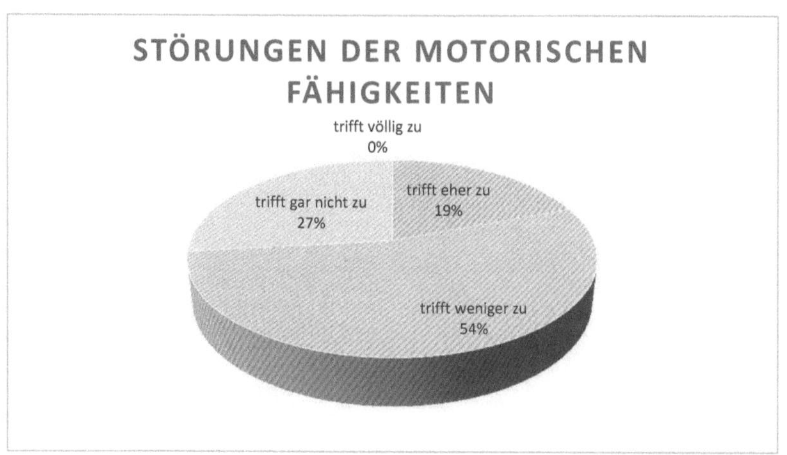

Abbildung 10 - Störungen der motorischen Fähigkeiten (Corinna Dörr)

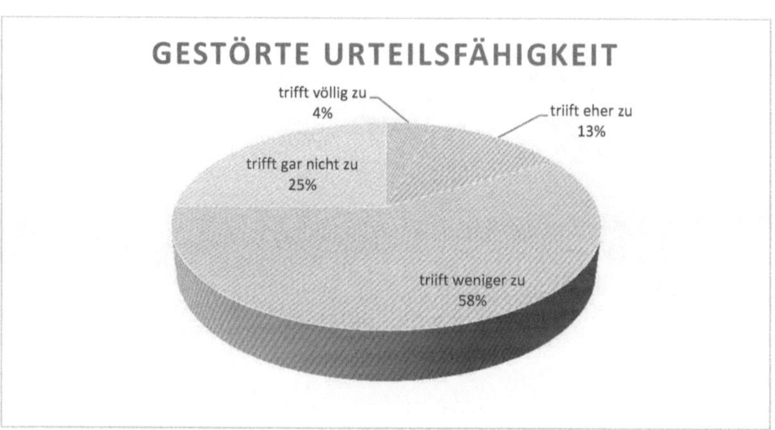

Abbildung 11 - gestörte Urteilsfähigkeit (Corinna Dörr)

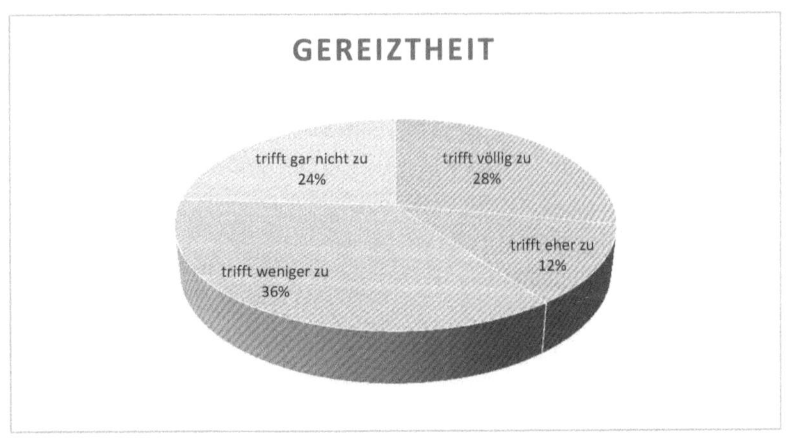

Abbildung 12 - Gereiztheit (Corinna Dörr)

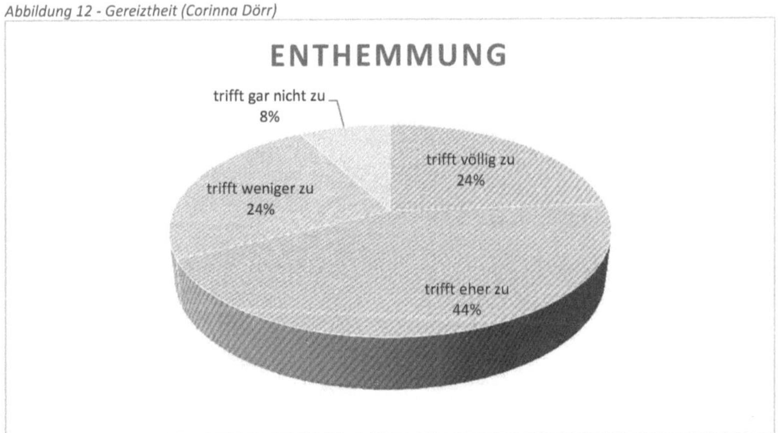

Abbildung 13 - Enthemmung (Corinna Dörr)

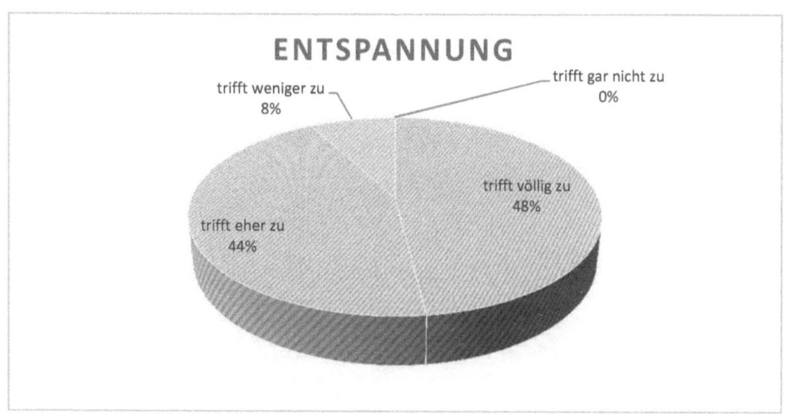

Abbildung 14 - Entspannung (Corinna Dörr)

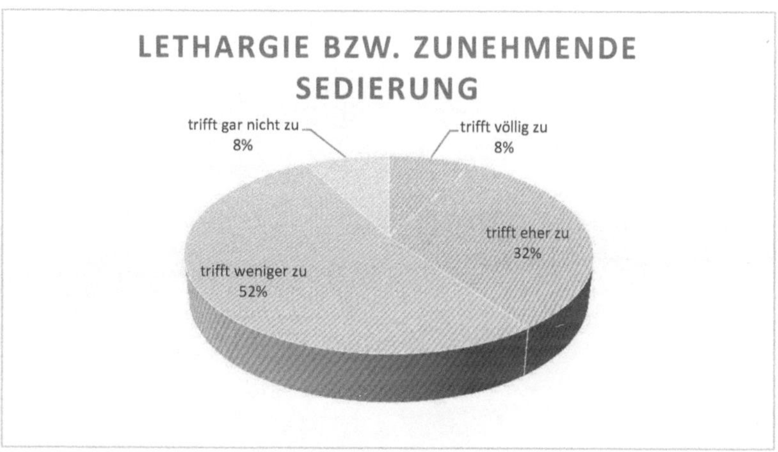

Abbildung 15 - Lethargie bzw. zunehmende Sedierung (Corinna Dörr)

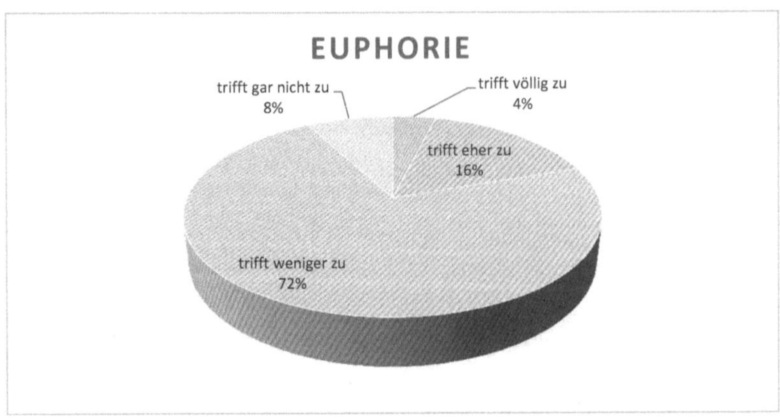

Abbildung 16 - Euphorie (Corinna Dörr)